中国水利文学艺术协会　组编

水之韵
——第一届中国水利摄影展入展作品选

本书编委会　编

U0238592

中国水利水电出版社
www.waterpub.com.cn
·北京·

内容提要

本书收录了第一届中国水利摄影展的部分入展作品，总计 180 件，反映了全国水利系统广大摄影工作者和爱好者的最新创作成果，展示了水利改革发展取得的新进展、新成就，展现了水利人对生活的热爱。

本书可供全国水利系统党建、精神文明建设、工会、思想政治和摄影艺术工作者与爱好者学习、欣赏、参考。

图书在版编目（ＣＩＰ）数据

水之韵 ：第一届中国水利摄影展入展作品选 ／ 《水之韵》编委会编 ；中国水利文学艺术协会组编. -- 北京：中国水利水电出版社，2018.12
ISBN 978-7-5170-7222-5

Ⅰ．①水… Ⅱ．①水… ②中… Ⅲ．①水利工程—中国—摄影集 Ⅳ．①TV-64

中国版本图书馆CIP数据核字(2018)第273223号

策划编辑：李格
责任编辑：李格 lg@waterpub.com.cn

书　名	水之韵——第一届中国水利摄影展入展作品选 SHUI ZHI YUN——DI-YI JIE ZHONGGUO SHUILI SHEYINGZHAN RUZHAN ZUOPINXUAN
作　者	中国水利文学艺术协会　组编 本书编委会　编
出版发行	中国水利水电出版社 (北京市海淀区玉渊潭南路1号D座　100038) 网址：www.waterpub.com.cn E-mail：sales@waterpub.com.cn 电话：(010) 68367658 (营销中心)
经　售	北京科水图书销售中心 (零售) 电话：(010) 88383994、63202643、68545874 全国各地新华书店和相关出版物销售网点
排　版	中国水利水电出版社装帧出版部
印　刷	北京博图彩色印刷有限公司
规　格	210mm×285mm 16开本　8.5 印张　128千字
版　次	2018年12月第1版　2018年12月第1次印刷
印　数	0001—2000册
定　价	168.00元

本书编委会

主　任：何源满

副主任：李先明　蒋建军

委　员：唐　瑾　王辛石　司毅兵　雷伟伟

　　　　孙秀蕊　张发民　杨玉田　刘　博

主　编：李先明

副主编：蒋建军　王辛石

参　编：龚裕凌　席　晶　李军平　金玉环　黄　珊

前言

　　为深入贯彻落实习近平总书记在文艺工作座谈会上的重要讲话和《中共中央关于繁荣发展社会主义文艺的意见》的有关精神，促进优秀水利摄影作品创作和传播，展现新形势下治水兴水成就，推进水利系统精神文明建设，2016年9月，由中国水利文学艺术协会主办，中国水利报社和陕西省水利发展调查与引汉济渭工程协调办公室承办，陕西水利信息宣传教育中心、陕西水利博物馆协办，组织开展了第一届中国水利摄影展征稿活动，得到全国水利系统广大摄影工作者和爱好者的积极响应和广泛参与，共收到报送作品5万余件。

　　本届摄影展分主题类和非主题类。主题类——2016水利精彩瞬间，系2016年1月1日之后创作的与水主题相关的纪录类作品；非主题类包括纪录和艺术两类。经专家评审，共评出入展作品180件、共计469幅。其中：主题类入展作品60件，非主题类之纪录类入展作品60件、艺术类入展作品60件。

　　入展作品先后在水利部机关、四川省美术馆、陕西省水利厅、陕西水利博物馆展出，得到较好社会反响和一致好评。为把本次展览的成果永久保存，更多、更好地惠及全国水利系统广大干部职工，我们组织编辑了本作品选，以供全国水利系统党建、精神文明建设、工会和摄影艺术工作者与爱好者欣赏、使用。

编者

2018年7月

目录

非主题类——纪录

非主题类——艺术

附录

——2016 水利精彩瞬间

《喷薄而出》　王铎　摄

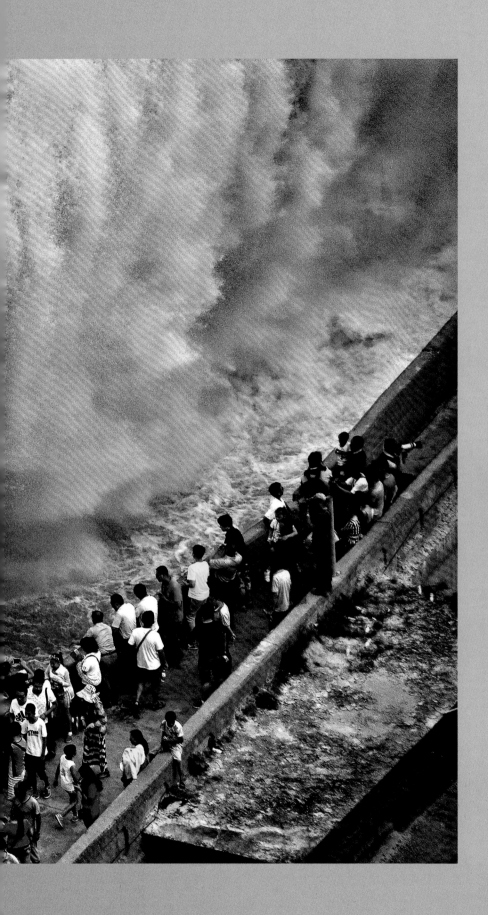

《江西省鄱阳县向阳圩顺利合龙》 安天杭 摄

《不倒的丰碑》 余后为 摄　　　《水库装上千里眼》 陈远亮 摄

《焊》 王剑 摄

《护理闸门》 王建春 摄

《全民参与"五水共治"》 王琼瑜 摄

《饮用水现场监测》 余锋 摄

《贯通》 赵建峰 摄

《开天劈石引汉水》　张发民　摄

《希望之光》　杨玉田　摄

《匠魂》 王建春 摄

《凝心聚力》　王建 摄

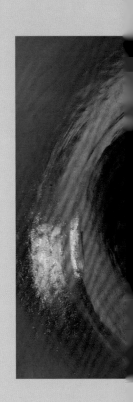

《冬检》 王林洪 摄

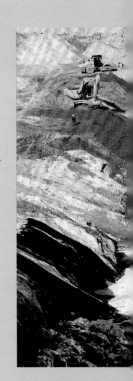

《精心检测》 王建春 摄

《查看》 虞建波 摄

《度量》 张强 摄

《寸心感恩扶贫情》 周德宝 摄

《遥控喷雾浇灌润心田》 郭广川 摄

《江水进京——密云水库蓄水取得新突破》 赵潭 摄

《水环境整治在行动》 蓝善祥 摄

《清除水生植物》　郑菁妍　摄

《画中劳作》　潘业安　摄

《水环境整治》 赵永清 摄

《一湖清水保丰收》 黄小红 摄

《水韵洛城》　王煜文　摄

《鄱阳湖上都昌县》　江民海　摄

《水保渐绿荒山头》 黄小红 摄

《水土治理见成效》 刘利 摄

《新中国第一坝——佛子岭水库》 高先祥 摄

《青山湖晨韵》 岳建忠 摄

《城中之江——黄浦江》 李伟 摄

《拱揖指麾》　李沛荣　摄

《大藤峡工地建设忙》 韦伟海 摄

《贵州夹岩水利枢纽工程》 杨良强 摄

《陕西泾河大峡谷里的战斗》 何琳 摄

《阿尔塔什枢纽工程坝后施工现场》 杨汉明 摄

《猴嘴闸工程建设剪影》 张月军 摄

《汇集黔中雨　高峡平湖出——黔中水利枢纽工程》　杨良强　摄

《顶管施工》 季暑月 摄

《破圩分洪爆破瞬间》 范增全 摄

《救援》 席晶 摄

《再造一个都江堰灌区》 张天富 摄

《湖北省恩施土家族苗族自治州清江治污》 陈力 摄

《南江河卫士》 陆文龙 摄

《联合执法管河道》 周家山 摄

《水电人》 宋佳娥 摄

《水利工人》 王立宣 摄

《清淤》 陈进 摄

《一线工情 e 线牵》 周德宝 摄

《穿越古徽州》 牛维美 摄

《鄱阳湖模型试验基地》　张李荪　摄

《高原特色水利》　卜兴全　摄

《清江隔河岩大坝泄洪》　王合玉　摄

《一江清水送北京》 曹爵胜 摄

《水源卫士》 杨飚 摄

《为了长江健康》 张伟革 摄

《我要脱贫（图1）》　张恩颐　摄

《我要脱贫（图2）》　张恩颐　摄

《我要脱贫（图3）》 张恩颐 摄

《我要脱贫（图4）》 张恩颐 摄

RECORD

——纪录

《乌溪江大峡谷》 詹春来 摄

《青龙护妈祖》 庞军 摄

《灞河治理后水城赛龙舟》 李军平 摄

《渭河文化之国家非遗华阴老腔》 雷定邦 摄

《古井情》 黄春 摄

《奋起直追》　何国辉　摄

《过桥的人们》　杨秋红　摄

《水韵汉城》 陈信宏 摄

《养殖》 杨炽明 摄

《龙滩大坝》 黄勇士 摄

《云蒸霞蔚小浪底》 段万卿 摄

《引汉济渭》 唐志勇 摄

《引泾之路》　张发民　摄

《动与静》 郑金强 摄

《鞭炮连天庆丰年》 蔡镇青 摄

《飞响落人间》 陈琦辉 摄

《和美草原》　樊豹声　摄

《阿尔金山野驴》　张志良　摄

《春晓》 胡治平 摄

《夜竞龙舟》 郑永胜 摄

《过河》 袁奕 摄

《千年承载》 周金平 摄

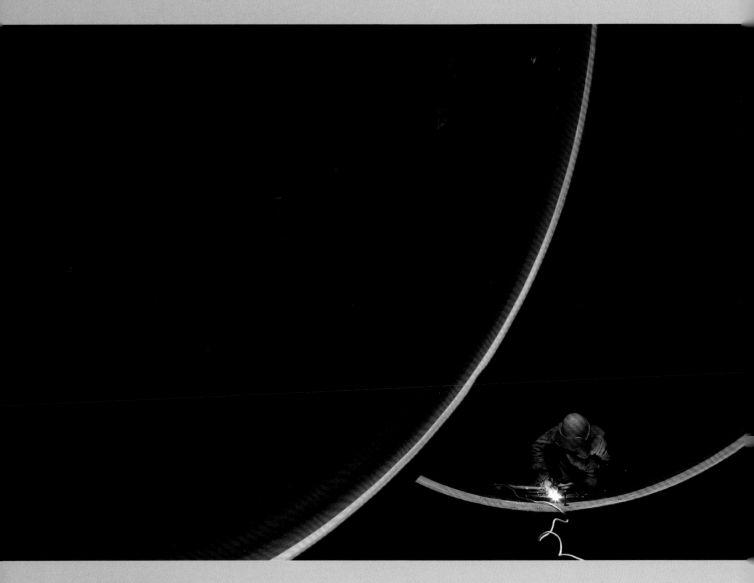

《弧》 陈胜超 摄

《与管同行》 吕强 摄

《畅游》 赖鼎铭 摄

《海上捕鱼的小船》　张元锋　摄

《手艺人》　张卫东　摄

《晒鱼》 朱伟章 摄

《隧道工赞歌》 卢范经 摄

《挺进》 曾德猛 摄

《大凉山修桥人》 陈锡萍 摄

《在云端》 雷鸿 摄

《冬捕》 孙晓峰 摄

《拯救》 卓仁勇 摄

《给父老乡亲一碗健康水》 刘博 摄

《建设者》 龚裕凌 摄

《拼搏》 王惠萍 摄

《黑尾鸥》 邓云才 摄

《和谐》 谢琳娜 摄

《走古事》　黄富旺　摄

《节约用水　从我开始》　沈旭煜　摄

《金婚之恋》　穆定超　摄

《鏖战引汉济渭》　杨汉明　摄

《美丽古老的大运河》　张志坤　摄

《湖北兴山最美水上公路》　李明　摄

《刘家峡水电厂泄洪图之排沙洞泄洪》　钟世文　摄

《钱塘江涌潮》　张志坤　摄

《南水北调工程建设》　全帅　摄

《西山纸的制作》　田敏强　摄

《船闸我们造》　黄强　摄

《守护三峡》　张伟革　摄

《最后一次背水》　杨良强　摄

《竞技夺标》 吴伟泽 摄

《人水和谐新汉江》 雷保寿 摄

《鸟瞰梯田》　刘长虹　摄

《查干湖冬捕》　邱会宁　摄

《致敬：安徽龙河口水库筑坝人》 吕务农 摄

《醉美冬日赛里木湖》 吴志伟 摄

《洛河四季之冬》 段万卿 摄

《节约用水 从我做起》 胡剑欢 摄

——艺术

《花海》 何春生 摄

《百姓期盼》 张春利 摄

《漾河春色》 徐鹏 摄

《大地金秋》 苗地 摄

《黎明时分》 钟黎明 摄

《河边古城》 韩刚 摄

《芙蓉湖鸟瞰》 赵得禹 摄

《千岛湖落日》 张家林 摄

《人间瑶池》 谢光明 摄

《苍穹之下》 林俊华 摄

《启程》 杨其格 摄

《遥远的天际线》 许祥 摄

《云锁神女峰》 白瑞华 摄

《九仙湖雪韵》 徐兰坤 摄

《大地飘带》 张建 摄

《虹桥跨巫峡》 张建民 摄

《富春山居图》 王彤 摄

《春到绿江》 范须坤 摄

《水上长城》 周秦明 摄

《晚霞映清池》 黄小邓 摄

《溢彩乌镇》　陈明东　摄

《城市之光》 王力 摄

《古碓纸坊焕新颜》 朱昌钏 摄

《流水线》　黄小邓　摄

《渔光曲》　江民海　摄

《完美雷电》 梁晓鹏 摄

《冰河晨曦》 谢光明 摄

《水舞草原》 夏铨 摄

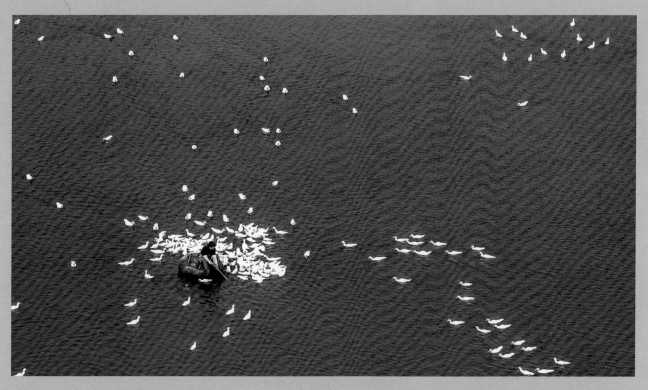

《聚集》 李锡联 摄

《鹭雁欢歌》 陈夏梅 摄

《满载而归》 王中 摄

《沐荷》　杨丽斌　摄

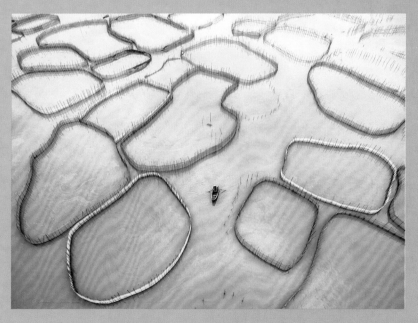

《围网情缘》　周先丽　摄

《梦幻世界》 冯宏伟 摄

《宁静的海湾》 陈明东 摄

《山欢水笑》　黄友平　摄

《水乡》　王力　摄

《五彩滩全景》 夏铨 摄

《东湖行吟》 王建中 摄

《红山大峡谷》 刘建宏 摄

《人勤春早》 刘江 摄

《渔歌》 范胜利 摄

《生命的赞歌》 汪宁 摄

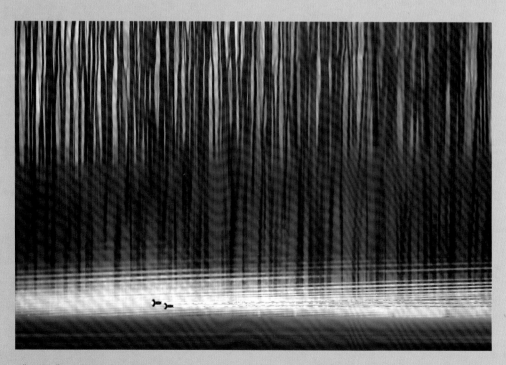

《幽境》 樊豹声 摄

《滴水之韵》　邢海波　摄

《窗花儿》　聂杭军　摄

《夏日》 华威 摄

《铸造大船》 张元锋 摄

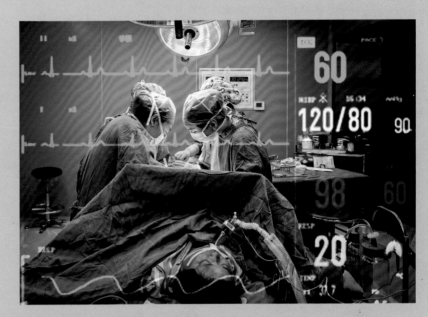

《与生命赛跑》 陈新文 摄

《美丽山河》 余华强 摄

《缤纷世界》 沈颖俊 摄

《藏西秘境》 陈和勇 摄

《雪后布拖》 陈和勇 摄

《冬日峡谷》 田国建 摄

《灵动西湖》 赵晓阳 摄

《梦幻谷坦》 徐雪娟 摄

《船骨遗风》 吴志伟 摄

《美丽冰窗花》 段长喜 摄

《船厂物语》 徐晓红 摄

《探秋》 唐明珍 摄

附录

第一届中国水利摄影展入展作品名单

一、主题类——2016 水利精彩瞬间

序号	作者姓名	入展作品名称	序号	作者姓名	入展作品名称
		单 照			
1	安天杭	《江西省鄱阳县向阳圩顺利合龙》	19	王琼瑜	《全民参与"五水共治"》
2	陈远亮	《水库装上千里眼》	20	王煜文	《水韵洛城》
3	高先祥	《新中国第一坝——佛子岭水库》	21	席 晶	《中国水权交易所在京开业》
4	郭广川	《遥控喷雾浇灌润心田》	22	席 晶	《李克强总理考察防汛工作》
5	黄小红	《水保渐绿荒山头》	23	杨玉田	《希望之光》
6	黄小红	《一湖清水保丰收》	24	余 锋	《饮用水现场监测》
7	江民海	《鄱阳湖上都昌县》	25	余后为	《不倒的丰碑》
8	蓝善祥	《水环境整治在行动》	26	虞建波	《查看》
9	李沛荣	《拱挹指麾》	27	岳建忠	《青山湖晨韵》
10	李 伟	《城中之江——黄浦江》	28	张发民	《开山劈石引汉水》
11	潘业安	《画中劳作》	29	张 强	《度量》
12	王 铎	《喷薄而出》	30	赵建峰	《贯通》
13	王 建	《凝心聚力》	31	赵 潭	《江水进京——密云水库蓄水取得新突破》
14	王建春	《护理闸门》	32	赵永清	《水环境整治》
15	王建春	《匠魂》	33	郑菁妍	《清除水生植物》
16	王建春	《精心检测》	34	周德宝	《寸心感恩扶贫情》
17	王 剑	《焊》	35	刘 利	《水土治理见成效》
18	王林洪	《冬检》			
		组 照			
1	卜兴全	《高原特色水利》	14	席 晶	《救援》
2	曹爵胜	《一江清水送北京》	15	杨汉明	《昆仑山下的大战场》
3	陈 进	《清淤》	16	杨良强	《贵州夹岩水利枢纽工程》
4	陈 力	《湖北省恩施土家族苗族自治州清江治污》	17	杨良强	《汇集黔中雨 高峡平湖出——黔中水利枢纽工程》
5	范增全	《破垸分洪爆破瞬间》	18	杨 飏	《水源卫士》
6	何 琳	《陕西泾河大峡谷里的战斗》	19	张恩颐	《我要脱贫》
7	季暑月	《顶管工程》	20	张李荪	《鄱阳湖模型试验基地》
8	陆文龙	《南江河卫士》	21	张天富	《再造一个都江堰灌区》
9	牛维美	《穿越古徽州》	22	张伟革	《为了长江健康》
10	宋佳娥	《水电人》	23	张月军	《猴嘴闸工程建设剪影》
11	王合玉	《清江隔河岩大坝泄洪》	24	周德宝	《一线工情e线牵》
12	王立宣	《水利工人》	25	周家山	《联合执法管河道》
13	韦伟海	《大藤峡工地建设忙》			

二、非主题类——纪录

序号	作者姓名	入展作品名称	序号	作者姓名	入展作品名称
单 照					
1	蔡镇青	《鞭炮连天庆丰年》	22	穆定超	《金婚之恋》
2	陈琦辉	《飞响落人间》	23	庞 军	《青龙护妈祖》
3	陈胜超	《弧》	24	沈旭煜	《节约用水 从我开始》
4	陈锡萍	《大凉山修桥人》	25	孙晓峰	《冬捕》
5	陈信宏	《水韵汉城》	26	唐志勇	《引汉济渭》
6	邓云才	《黑尾鸥》	27	王惠萍	《拼搏》
7	段万卿	《云蒸霞蔚小浪底》	28	谢琳娜	《和谐》
8	樊豹声	《和美草原》	29	杨炽明	《养殖》
9	何国辉	《奋起直追》	30	杨秋红	《过桥的人们》
10	胡治平	《春晓》	31	袁 奕	《过河》
11	黄 春	《古井情》	32	曾德猛	《挺进》
12	黄富旺	《走古事》	33	李军平	《灞河治理后水城赛龙舟》
13	黄勇士	《龙滩大坝》	34	张发民	《引泾之路》
14	赖鼎铭	《畅游》	35	张卫东	《手艺人》
15	雷定邦	《渭河文化之国家非遗华阴老腔》	36	张元锋	《海上捕鱼的小船》
16	雷 鸿	《在云端》	37	郑金强	《动与静》
17	龚裕凌	《建设者》	38	郑永胜	《夜竞龙舟》
18	张志良	《阿尔金山野驴》	39	周金平	《千年承载》
19	刘 博	《给父老乡亲一碗健康水》	40	朱伟章	《晒鱼》
20	卢范经	《隧道工赞歌》	41	卓仁勇	《拯救》
21	吕 强	《与管同行》			
组 照					
1	段万卿	《洛河四季之冬》	11	吴伟泽	《竞技夺标》
2	胡剑欢	《节约用水 从我做起》	12	吴志伟	《醉美冬日赛里木湖》
3	黄 强	《船闸我们造》	13	杨良强	《最后一次背水》
4	雷保寿	《人水和谐新汉江》	14	詹春来	《乌溪江大峡谷》
5	李 明	《湖北兴山最美水上公路》	15	张伟革	《守护三峡》
6	吕务农	《致敬：安徽龙河口水库筑坝人》	16	张志坤	《美丽古老的大运河》
7	邱会宁	《查干湖冬捕》	17	张志坤	《钱塘江涌潮》
8	全 帅	《南水北调工程建设》	18	钟世文	《刘家峡水电厂泄洪图之排沙洞泄洪》
9	田敏强	《西山纸的制作》	19	刘长虹	《鸟瞰梯田》
10	杨汉明	《鏖战引汉济渭》			

三、非主题类——艺术

序号	作者姓名	入展作品名称	序号	作者姓名	入展作品名称
单 照					
1	白瑞华	《云锁神女峰》	26	王 力	《水乡》
2	陈明东	《宁静的海湾》	27	王 彤	《富春山居图》
3	陈明东	《溢彩乌镇》	28	王 中	《满载而归》
4	陈夏梅	《鹭雁欢歌》	29	夏 铨	《水舞草原》
5	陈新文	《与生命赛跑》	30	夏 铨	《五彩滩全景》
6	樊豹声	《幽境》	31	谢光明	《冰河晨曦》
7	范胜利	《渔歌》	32	谢光明	《人间瑶池》
8	冯宏伟	《梦幻世界》	33	邢海波	《滴水之韵》
9	何春生	《花海》	34	徐兰坤	《九仙湖雪韵》
10	华 威	《夏日》	35	徐 鹏	《漾河春色》
11	黄小邓	《流水线》	36	杨丽斌	《沐荷》
12	黄小邓	《晚霞映清池》	37	杨其格	《启程》
13	黄友平	《山欢水笑》	38	张春利	《百姓期盼》
14	江民海	《渔光曲》	39	张家林	《千岛湖落日》
15	李锡联	《聚集》	40	张 建	《大地飘带》
16	梁晓鹏	《完美雷电》	41	张建民	《虹桥跨巫峡》
17	林俊华	《苍穹之下》	42	张元锋	《铸造大船》
18	许 祥	《遥远的天际线》	43	赵得禹	《芙蓉湖鸟瞰》
19	刘建宏	《红山大峡谷》	44	钟黎明	《黎明时分》
20	刘 江	《人勤春早》	45	范须坤	《春到绿江》
21	苗 地	《大地金秋》	46	韩 刚	《河边古城》
22	聂杭军	《窗花儿》	47	周秦明	《水上长城》
23	汪 宁	《生命的赞歌》	48	周先丽	《围网情缘》
24	王建中	《东湖行吟》	49	朱昌钏	《古碓纸坊焕新颜》
25	王 力	《城市之光》			
组 照					
1	陈和勇	《藏西秘境》	7	吴志伟	《船骨遗风》
2	陈和勇	《雪后布拖》	8	徐晓红	《船厂物语》
3	段长喜	《美丽冰窗花》	9	徐雪娟	《梦幻谷坦》
4	沈颖俊	《象山县仓岙水库》	10	余华强	《美丽山河》
5	唐明珍	《探秋》	11	赵晓阳	《灵动西湖》
6	田国建	《冬日峡谷》